浙江省科协特色优质科普图书资助项目　　　　　"浙电科普＋"系列图书

—— 电小知科普馆

电器小医生

浙江省电力学会　　国网浙江省电力有限公司　组编

中国电力出版社
CHINA ELECTRIC POWER PRESS

院士寄语

亲爱的小读者：

　　非常荣幸向你们推荐《电小知科普馆》，这是一套向喜欢探索科学知识的小朋友们介绍电力能源知识的丛书。

　　电是一种自然现象，很早就为人类所发现。闪电就是人们最早发现的电。近代，科学家们根据电与磁的关系，发现了电的本质，揭开了电的奥秘，并通过不懈努力，最终实现了电的应用，带领人类进入了电气化时代。

　　《电小知科普馆》丛书以图文并茂、浅显易懂的方式将科学知识娓娓道来，帮助小朋友们学习了解生活中无处不在的电力知识。在首次出版的五册书中，明明一家跟随"电小知"乘坐时光机，回顾电的产生和发展历程，通过"医治"生病电器学会安全使用家用电器，了解外出游玩时要注意的用电安全风险，并通过参观能源商店认识了各种电池的神奇功能，踏上余村电力之旅，到最美乡村领略新时代电力发展。

　　电力带来光明，点亮生活，也催生了现代文明。展望未来，人类将继续推进对电的探索和应用。希望你们在"电小知"的带领下，一起揭开电力的神秘面纱，发现更多电力的奥秘与乐趣！

　　祝你们阅读愉快！

高翔　中国工程院院士
　　　浙江工业大学校长

嗨！！！

我是电小知，

是来自未来的智能机器人。

我拥有聪明的大脑和环保的外壳，

喜欢科学，喜欢探索关于电的一切。

我们一家住在美丽的浙江杭州，

欢迎大家和我们一起开启奇妙的

电力之旅。

爸爸
39岁

成熟稳重、有责
任心的男士

妈妈
38岁

温柔善良的女士

明明
13岁

热衷于探索世界、喜欢
钻研问题的男孩子

靓靓
8岁

活泼可爱、聪明
伶俐的小女孩

五一劳动节到了。妈妈提议："好久没有大扫除了，让我们好好搞搞家里的卫生吧。"

明明负责打扫客厅的卫生。他忙上忙下打扫了一通，出了一头的汗。他发现空调开了很久，房间里却一直很热，就问："爸爸，空调好像出问题了，都开这么久了怎么还这么热。"

爸爸过来查看了一番，说："我也不知道是什么原因，我去找维修师傅。"

明明又打扫了一会儿，觉得有些累了，就靠在沙发上休息了一会，不知不觉地睡着了。

恍惚间，明明感到有人在拉他，一睁眼，发现是电小知。他问："小知，怎么了？"

电小知说："刚刚接到电器医院发来的信息，现在有很多患病的电器，需要我去支援。时间紧迫，你也一起来帮忙吧。"

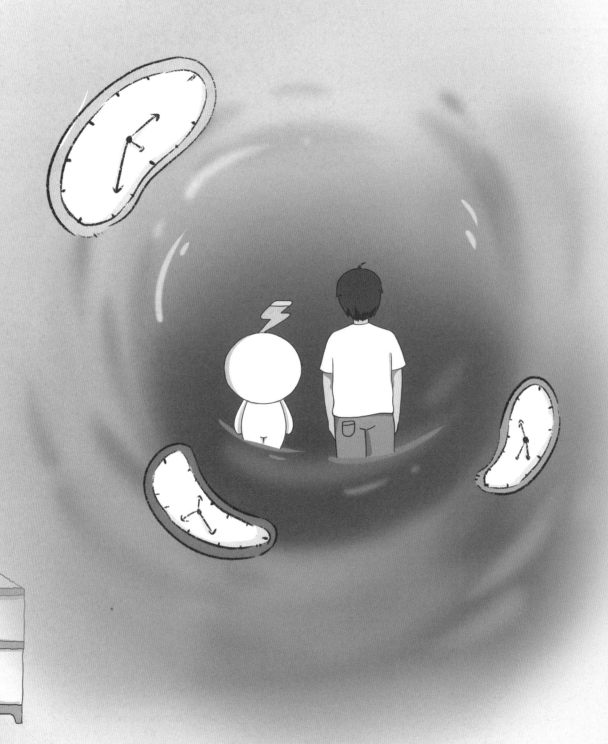

还没等明明反应过来，他就被电小知带进了一个神秘光圈中。
电小知和明明穿越到了全新的世界，这里的电器都有了生命。

电器医院门口，已经排起了长长的队伍。

明明疑惑地问："电器怎么会生病呀？"
电小知说："电器生病的原因有很多，让我们一起去检查一下吧。"

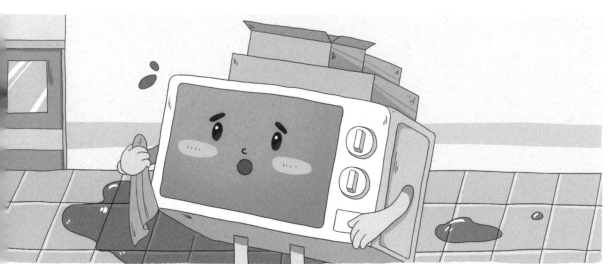

正在此时，顶着红彤彤脸蛋的微波炉走了过来："小知，我热得好难
受啊。"

电小知急忙从口袋里拿出了听诊器和体温计，说："哇，已经250℃啦，我来看看怎么回事！"

但是，前后检查一圈并没有发现线路问题。

一抬头，微波炉上有一层厚厚的油污，上面还粘着一些纸盒。

"哦！找到原因了。微波炉上面要散热，可不能放东西！否则就会影响微波炉的使用寿命，发热严重的话还会引起火灾！"电小知严肃地说。

微波炉很委屈："主人每次都把用过的纸盒放在我头顶上，说是下次还能用，时间长了也不清理，我都变得油乎乎了，怎么办呀？"

明明马上说："这个交给我，我马上帮你清理干净！"

刚清理完微波炉，空调着急忙慌地挤进来。

"咳咳、咳咳，我鼻子很堵，快要没办法呼吸了！"

明明一看：咦，这不是我家的空调吗？它果然是生病了！

电小知检查后告诉明明："病根在这呢，是滤网
被灰尘堵住了，风吹不出去，空调就生病了！"
明明点点头："嗯，好！我先来清洗一下滤网。"

接着，洗衣机捂着肚子走了进来："我肚子是怎么了，老是在咕咕叫，浑身没有力气，洗不动衣服了。"

明明赶紧上前进行检查，说："呀，这不是妹妹的发卡吗！"
电小知说："没错！在洗衣服前，一定要检查口袋是否有其他东西，把它拿出来，以免坚硬物体损伤洗衣机。"

"注意！注意！洗衣机在工作时，不要直接用手或其他物件触碰内部。如果有紧急情况要处理，一定要先关闭电源，以免受伤。"

这时，一盏老旧的台灯有气无力地走了过来。
"小知，我的尾巴好像坏掉了，眼睛也好痛啊。"
电小知仔细地给她做了检查，说："你的尾巴有些老旧，外壳都破了。应该是电线磨损导致台灯无法正常照明了。"
明明说："这不是我奶奶家的台灯吗？她可是我们家的电器元老了！来我们家有很多年了。"

明明在小知的指点下，给台灯换了一根电线，台灯就恢复正常照明了。

电小知说："以后在家里，如果发现电器的电线破旧，可要及时处理哦。"

刚送走台灯，两个顶着爆炸头的插座晕晕乎乎地走了进来："小知，快来看，我们的头顶冒火花了。"

"天呐！这是发生了什么事情？"明明急切地问。

电小知说："哦，这肯定是因为电器插得多了，插座撑不住了！太危险了！今天家里搞卫生，可得好好查查有没有这种情况！"

忙了一段时间，电小知和明明准备出去休息，看到隔壁体检中心门口，竟然还有不少吸尘器在排队等着做检查。

明明说："哇，好多吸尘器啊！"
电小知说："那是当然了，定期检查是一个好习惯。家用电器在使用过程中如果出现发烫等现象，一定要及时做检查！"

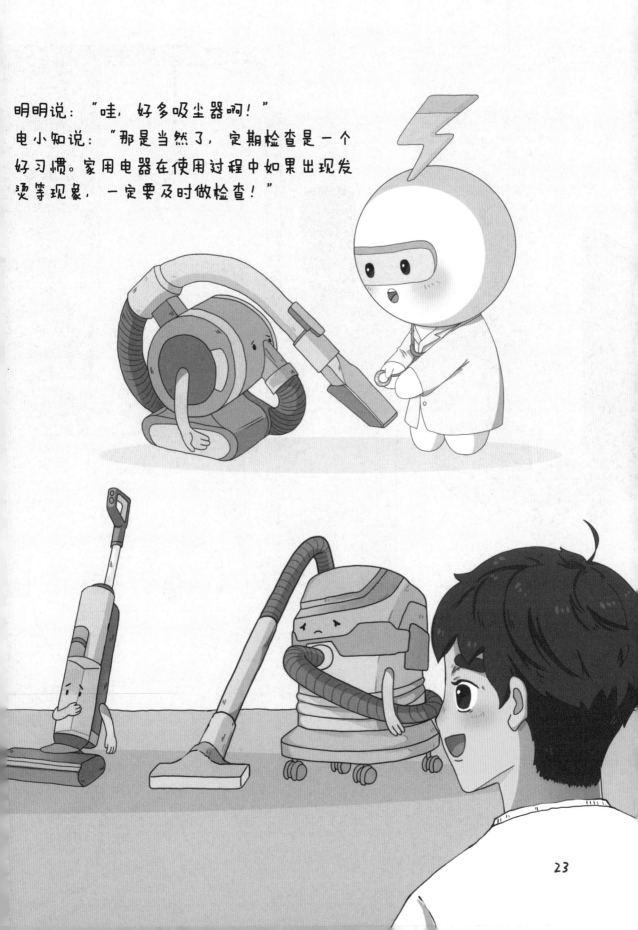

忙了大半天，明明和电小知终于从电器医院回来了。
电小知说："我们把家里的插座和电线都再检查一遍吧！"
明明说："好的！"

第一章 电能表

电能表是用来测量电能的仪表。

智能电能表是对电能信息数据进行采集、分析、管理的先进计量装置。

1880 年，爱迪生制成了世界上第一块直流电能表，使得测量电能成为可能。

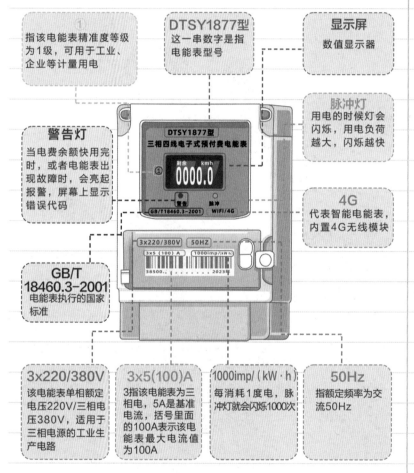

1 指该电能表精准度等级为1级，可用于工业、企业等计量用电

DTSY1877型 这一串数字是指电能表型号

显示屏 数值显示器

脉冲灯 用电的时候灯会闪烁，用电负荷越大，闪烁越快

警告灯 当电费余额快用完时，或者电能表出现故障时，会亮起报警，屏幕上显示错误代码

4G 代表智能电能表，内置4G无线模块

GB/T 18460.3-2001 电能表执行的国家标准

3x220/380V 该电能表单相额定电压220V/三相电压380V，适用于三相电源的工业生产电路

3x5(100)A 3指该电能表为三相电，5A是基准电流，括号里面的100A表示该电能表最大电流值为100A

1000imp/（kW·h） 每消耗1度电，脉冲灯就会闪烁1000次

50Hz 指额定频率为交流50Hz

一台功率为 1 千瓦的空调在额定功率下工作 1 小时，它所消耗的电量就是 1 千瓦 ×1 小时 =1 千瓦时，而 1 千瓦时俗称为 "1 度电"。

第二章 能效标识

❶ 家电的能效等级

空调、电视机、洗衣机、冰箱等家电上都贴有标注能效等级的能效标识，能效等级一般分为一至五级，表示能耗从低到高，一级的能耗最低、最节电。

● 选择家电时要确认有 CCC 的字样。

❷ 智能家电会更节能吗？

智能照明可以根据光线变化自动调节所需光亮，或根据屋内主人移动自动开启和关闭灯光，避免忘记关灯或保持全亮状态造成费电，会更省电。

智能冰箱离不开各类传感器，甚至还有与用户进行交互的液晶屏幕，但与普通冰箱相比，其能耗水平并不一定会更高，可以结合冰箱铭牌或能效标识的功耗信息来评估。

智能门锁、智能马桶，这些原本不需要用电的东西智能化后势必会带来家庭用电量的增加。但不可否认的是，它为现代人匆忙的生活带来了更多便捷。

第三章 空气开关与漏电保护器

① 空气开关（常称"空开"）又名空气断路器。当电路中的电流超过额定电流，空气开关就会自动断开。

② 漏电保护器（常称"漏保"）是在设备发生漏电时，防人身触电和电气火灾的保护装置。

③ 家里部分线路的空气开关可以选择带漏电保护器的空气开关，一般来说，比较合理的配置是总闸和照明用空气开关，其他的支路安装漏电保护器。其中普通插座、厨房、卫生间3个回路必须要装漏电保护器。

如果用漏保做总闸，一有漏电就会全屋断电，经常断电容易损伤电器。

如果全用空开，就没有漏电保护功能。

（漏电保护器） （空气开关）

★ Tips：两者搭配才合适

家中常备工具

| 螺丝刀 | 锤子 | 扳手 | 电钻 | 老虎钳 |

第四章 常用家电

第一节 空调

使用注意事项

① 空调的供电线路应为专用线，在专用线路中应设有断路器或空气开关。供电导线、熔丝都应符合有关规定，不能随意更改。

② 应认真阅读使用说明书，按规定操作，切莫乱按遥控器。

③ 在空调使用过程中，频繁在制冷和制热之间转换工作模式也容易造成空调损坏。

④ 在空调使用过程中，**不要移动空调、触碰空调内部**。

节约用电小妙招

① 夏天空调室内温度调节建议不低于 26℃，空调每调高 1℃，可降低 7% ~ 10% 的电能消耗。

② 冬天空调建议不高于 20℃。空调每调低 2℃，可节约 10% 以上的电能。

③ 夏季可采用深色窗帘和百叶窗等进行遮阳处理，减少阳光直射。

④ 夏天的空调制冷出风口叶片应选择向上，冬天的空调制热，出风口应朝下。

⑤ 适时使用定时、睡眠和除湿功能。减少电器重启次数，持续运行更省电。长时间不用空调时，要及时拔下电源插头。

⑥ 定期清洗滤网，不仅会使空调制冷效果更好，也能省下更多的电。

● 空调的开机、停机都要使用开关，不要用直接拔电源来开、关空调。直接拔电源会造成空调控制系统损坏，而且插拔时会在插头和插座之间产生电弧，存在安全隐患。

第二节 微波炉

使用注意事项

① 切勿将普通塑料、金属、封闭容器放在微波炉中加热。

② 注意不要用物品覆盖微波炉上的散热窗栅。

③ 忌长时间在微波炉前工作：开启微波炉后，人至少距离其1米。

④ 不允许将不含水的食物放置在微波炉内，使微波炉工作，这样会导致微波炉损坏。

⑤ 定期清洁微波炉，能延长电器使用寿命，保证饮食卫生。

节约用电小妙招

① 外壳较硬的食物应先剥掉外皮，再放到微波炉中烹饪。

② 加热水分较少的食物时，应盖上保鲜膜，并扎小孔，能缩短加热时间。

③ 长时间不使用微波炉，要将微波炉的电源拔掉。

● 不要徒手移出微波炉内加热好的食物。容器及盖子加热后往往积聚了蒸气，又吸收了食物的热气，变得十分烫手，应使用防热手套或垫子，以防烫伤。

● 大块食物可先切成小块、摆放整齐，再放进微波炉中加热。

第三节 洗衣机

使用注意事项

① 洗衣机应放置在干燥通风的地方，切勿让电源线沾水，以免发生触电危险。洗衣机摆放要平稳，以免产生异响。

② 洗衣前，应检查口袋内是否有其他物品。若有应及时取出，以免损坏物品和洗衣机。

③ 洗衣机在运行时，千万不能将手或其他物件伸入洗衣机内，以免造成人身伤害。

节约用电小妙招

① 将衣物进行分类，厚薄分开洗比混在一起洗能更有效地缩短洗衣机的运转时间。

② 根据每次洗涤衣物的数量来选择适合的水位。

③ 使用预约功能，避开峰电时间，利用谷电进行洗涤能节省电费。

第四节 吸尘器

使用注意事项

① 吸尘器的软管与外壳吸入口的连接一定要确保连接稳妥。

② 吸尘器的电源线一般收缩在吸尘器底部，在使用的时候将其拉拽出来，切忌用力过猛导致电源线头出现磨损破裂，造成用电安全隐患。

③ 吸尘器的连续使用时间要控制在 1 小时以内，防止电机过热而发生烧毁的危险。

④ 吸尘器要定期维修、检查保养。吸尘器的电机建议每年进行售后检查，确保其使用寿命。

⑤ 使用吸尘器后，需要将其放在干燥的地方，避免湿气的侵蚀。

节约用电小妙招

① 使用吸尘器时应及时清除过滤袋（滤芯）上的灰尘。

② 应经常检查吸尘器风道、吸嘴、软管及进风口有无异物堵塞。

③ 根据不同的需要选择吸嘴，既可提高吸尘效果，又可省电。

④ 定期给吸尘器转轴添加机油，更换与原来型号相同的电刷。

图书在版编目（CIP）数据

电器小医生 / 浙江省电力学会，国网浙江省电力有限公司组编. —北京：中国电力出版社，
2023.12（2024.8重印）

（电小知科普馆）

ISBN 978-7-5198-8440-6

Ⅰ．①电… Ⅱ．①浙… ②国… Ⅲ．①电器－儿童读物 Ⅳ．①TM5-49

中国国家版本馆CIP数据核字(2023)第240178号

出版发行：中国电力出版社

地　　址：北京市东城区北京站西街 19 号（邮政编码 100005）

网　　址：http://www.cepp.sgcc.com.cn

责任编辑：张运东　王蔓莉（010-63412791）

责任校对：黄　蓓　王海南

装帧设计：张俊霞

责任印制：石　雷

印　　刷：北京九天鸿程印刷有限责任公司

版　　次：2023 年 12 月第一版

印　　次：2024 年 8 月北京第三次印刷

开　　本：787 毫米×1092 毫米　16 开本

印　　张：2.25

字　　数：16 千字

印　　数：8001—10500 册

定　　价：15.00 元
